着せるとカ... 平らなワンコ服 30着

この本の服は平らです	02
基本の作り方	04
採寸	
型紙	05
縫い方（Aタイプの服）	06
面ファスナーをつける	08
材料の必要量	
1 基本のシャツとドレス	**09**
スモック	10
ハワイアンシャツ	12
ムームー	13
メイドさんのドレス	14
チャイナドレス	15
水兵さん	16
カウボーイ	17
エプロン	18
ナースウェア	19
帽子とアクセサリー	20
2 コートと着物	**22**
レインコート	24
オーバーコート　女の子	26
オーバーコート　男の子	27
ニットのコート	28
サンタクロース	29
ワンコのクイーン	30
ワンコのキング	31
ゆかた	32
晴れ着	34
3 ワンピース	**36**
シンプルワンピース	37
ハロウィン・キャット	38
ハロウィン・スカル	39
キツネ・ドレス	40
お人形・ドレス	41
ミリタリードレス	42
ニットドレス	43
ローウエストドレス	44
ハイウエストドレス	45
水玉のドレス	46
チェックのドレス	47
村祭りのドレス	48
4 作り方と型紙	**49**
付録型紙	巻末

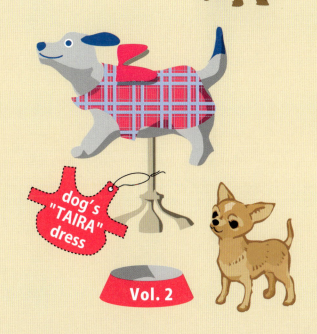

dog's "TAIRA" dress

Vol. 2

この本の服は平らです

基本デザインは2種

ボディとベルトが別々のAタイプ

ボディにギャザースカートをつけるBタイプ

平らだから、作るのは工作みたいにカンタン

ミシンがなくても手縫いでOK

面ファスナーで首と胴をとめます

平らだから、着せるのもカンタン

❶ 首の面ファスナーを

ペチ

❷ 服を背中に回して

クルン

❸ おなかの面ファスナーを

ペチ

型紙は、ワンコの背たけサイズに拡大コピーするだけ！

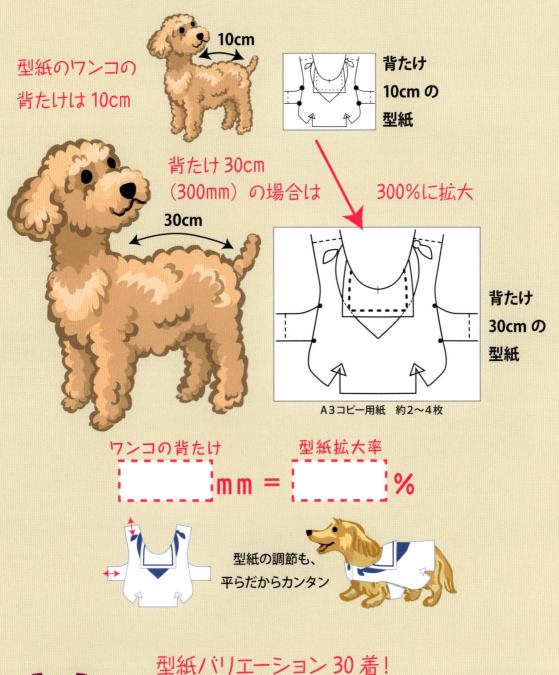

型紙のワンコの背たけは 10cm

背たけ 10cm の型紙

背たけ 30cm（300mm）の場合は 300％に拡大

背たけ 30cm の型紙

A3コピー用紙 約2〜4枚

ワンコの背たけ　　mm ＝ 型紙拡大率　　％

型紙の調節も、平らだからカンタン

型紙バリエーション 30 着！ いろいろな服が作れます

基本の作り方

A タイプの服で、服作りのレッスン。

本体素材：サテン
型紙 p.50

おまけの
リボンが
かわいいでしょ

採寸

ワンコを立たせて測ります。

背たけ
首のつけ根のあたりから、背骨にそって
しっぽのつけ根までを測る

首回り
首輪をゆるめにして
下げたところ、
首のつけ根の
あたりを測る

胴回り
ワンコのバストサイズ。
脇の下に近く、
いちばん太い
ところを測る

首回り・胴回りは、
ぴったり寸法だと
窮屈なので、
指を2〜3本入れて
ゆとりを
もたせて測ります。

型紙

1 ワンコサイズに拡大

ワンコの背たけ ☐ mm ＝ 型紙拡大率 ☐ ％

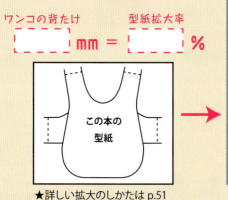

★詳しい拡大のしかたは p.51

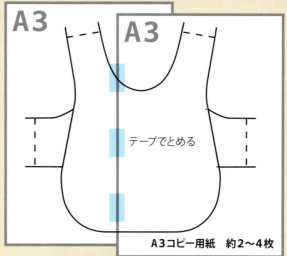

テープでとめる

A3コピー用紙 約2〜4枚

2 首・胴回りを調節

基本線は、標準のワンコの首・胴回り位置。拡大した型紙の、首・胴回り寸法を測って、あなたのワンコの寸法に、基本線の位置をずらす

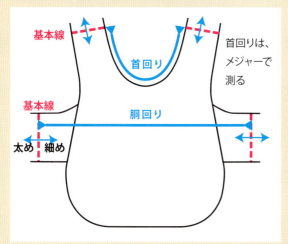

3 布の重なり分を足す

幅2.5cmの面ファスナーを使う。余裕を持って布が重なるように、重なり分3cm（1.5cmずつ）を基本線の外に足し、出来上りの線をひく

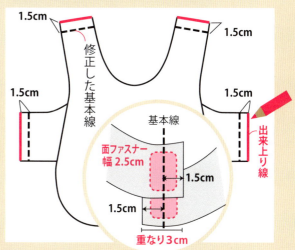

4 大きさをチェック

型紙を切りぬく。ワンコにかぶせて合っているか確認。合わない場合は、拡大率や首と胴の基本線の位置を再度調節する

5 パーツごとに分ける

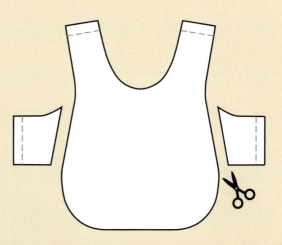

縫い方（Aタイプの服） Bタイプの作り方 p.66〜68

縫い物が初心者のかたにも作りやすいように工夫しました。
小さな布なので、布目はタテ・ヨコどちらで使用しても大丈夫です。縫いやすい布を選びましょう。

ボディ →

1 型紙を写し、表布を切りぬく
印つけペンで写す。
中央やベルト位置の印をつける。
縫いしろの線をひき、布を切る

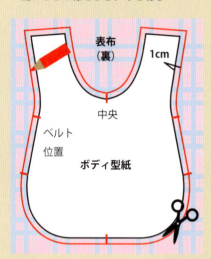

2 表布を、裏布に重ねる
まち針で数か所とめる。
縫いしろを仮どめのりで貼るとずれにくい

ベルト位置と返し口（すそ幅の半分ぐらい）は、のりをつけない

3 縫う
裏布の不要な部分を粗く切り、表裏を縫い合わせる。丈夫に仕上がるように縫い始めと終わりは、返し縫いする

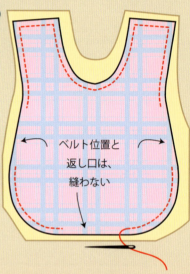

ベルト位置と返し口は、縫わない

ベルト →

1 型紙を写す

ベルトは、布をわで二つ折りしています。
左右それぞれの型紙を、
布に乗せ、型紙を写す。
型紙を返して反対側も写す。
縫いしろの線をひく

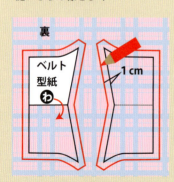

2 ベルトを作る

① 切りぬく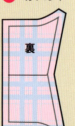
② 折る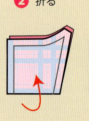
③ 縫う
④ 切込みを入れる
⑤ 縫いしろを折り、アイロンをかける
⑥ 表に返す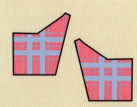

4 切りそろえる

表布に合わせて裏布を切る。表に返したときに、布がつらないように、内側カーブには、切込みを入れる

5 縫いしろを折る

表に返しやすいように、縫いしろを折る。厚紙に型紙を写し、切りぬいたものをガイドにすると縫いしろが返しやすい

6 表に返す

アイロンをかけ、整える

組み合わせると、完成

❶ 表に返したベルトに、縫いしろ線をひく

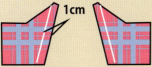

❷ ベルトの縫いしろ分をベルト位置に差し込む

縫う

縫い始めと終わりは、返し縫いする

❸ 返し口を縫う

❹ 付属をつける
★リボンの作り方 p.60

面ファスナーをつける

★面ファスナーは 2.5cm 幅のものを使います。（拡大率による変更はありません）
★本書の服は全て面ファスナーをつけます。共通なので、服の作り方、型紙、材料表示では省略しています。

❶ 面ファスナーの角を丸く切る

❷ 角を縫って仮どめする。ワンコに着せて、服が丁度いいかを確認

❸ しっかり縫いとめる

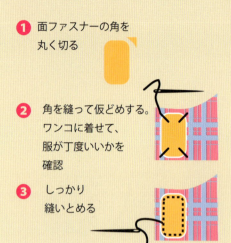

面ファスナーは、質感の違う2枚のテープの組合せ

本体表側
硬い　柔らかい

服の表側には、硬いほうをつける

裏側（ワンコの肌にふれる側）には、柔らかいほうをつける

材料の必要量

布やパーツの必要量はワンコの大きさによって違います。大きな服ではないので、拡大した型紙を持ってお店に行き、布やリボン、レース等をリアルサイズで選ぶのがおすすめ。

布を購入の際は、
型紙に縫いしろ分を足して大きめに、
リボン等も長めにしてください。

本体は、特別なもの以外、表裏の2枚仕立てです。
裏布が必要です。
★本体型紙は、枚数表示を入れていません。
★裏布の素材は、綿などの使いやすいものを選んでください。

縫いしろ　わ　表布　裏布

型紙内に、パーツや刺しゅうの縮小写真があります。
型紙と同様に、ワンコサイズに拡大して、大きさの目安にしてください。

小さいワンコには、型紙サイズの小さなレースや小物がない場合も。
型紙は、目安です。
大きめのパーツでもかわいいです。

同じパーツを使うと

1 基本のシャツとドレス

Aタイプは、服のたけが2種類。
それぞれ、アレンジやトッピングで、こんなにかわいくなります。

ショートたけ　　作り方は同じ　　ロングたけ

- 首にギャザー
- チャイナドレス風
- ハワイアンシャツ風
- メイドさんのコスチューム
- セーラー服
- ナースのコスチューム
- フリルがいっぱい
- 型紙を手直しエプロンに

スモック

名札とアップリケが
チャームポイントの
園児のスモック。
ベレーとセットで記念撮影。
型紙 p.76 ／作り方 p.55
本体素材：綿・無地
その他：フェルト／綿・プリント
セーラーテープ／刺しゅう糸／
両面接着芯
ベレー詳細 p.20

ハワイアンシャツ

ワンコのアロハシャツ。
えりが背中向き？
ワンコ服は、
背中にチャームポイントを持って
くると、かわいいから
こうしています。
型紙 p.75 ／作り方 p.55
本体素材：綿・プリント

ムームー

基本と同じタイプの本体に、
共布をバイアスに切った、
フリルをたっぷりつけました。
南の島のお花いっぱいのムームーです。
付録型紙B面／作り方p.64
本体素材：綿・プリント

メイドさんのドレス

レースをつけてエプロン風に。
かわいいワンコのメイドさん。
付録型紙B面／作り方p.57
本体素材：綿・無地
その他：レース各種／グログランリボン／
布製造花パーツ
キャップ詳細 p.20

チャイナドレス

謎のワンコ美人？
チャイナドレスって女の子が
きれいに見える鉄板服です。
えりとベルトはフェルトなので、作るのカンタン。
付録型紙A面／作り方 p.55
本体素材：サテン／厚手フェルト
その他：薄手フェルト／ブレード

水兵さん

お水が嫌いなワンコの水兵さん。
でも、デッキでは勇敢です。
ボディを短めにした基本の本体に
セーラーカラーをつけました。
型紙 p.75／作り方 p.56
本体素材：綿・無地
その他：フェルト／セーラーテープ／
両面接着芯

カウボーイ

赤いバンダナが、かっこいい！
シェリフの星もつけて、
日々、一所懸命走り回るのがお仕事。
型紙 p.77／作り方 p.56
本体素材：デニム
その他：バンダナ／フェルト／
チェック生地／両面接着芯

エプロン

キッチンで、お手伝い？
それとも、食べ物の匂いが気になるの？
基本の型紙の首とベルトを変更。
ストラップやベルトが、まっすぐだから
縫いやすいです。
型紙 p.76／作り方 p.57
本体素材：綿・プリントと無地
その他：杉綾テープ／リボン（飾りタグ）

ナースウェア

ワンコの小さな看護師さん。
いつもの肩たたき、よろしくね。
型紙 p.52／作り方 p.53
本体素材：綿・無地とストライプ
その他：フェルト／
両面接着芯
キャップ詳細 p.20

帽子とアクセサリー

帽子の構造がわかりやすいように、かぶっていない状態を載せました。
★本書の帽子は、写真撮影のときに一時的にかぶせるためのものです。
注意してかぶせてください。ワンコの耳の形や性格によっては、
かぶれなかったり、すぐ外れてしまう場合があります。
嫌がるワンコには、無理をさせないでください。

ベレー p.10
付録型紙 A 面／作り方 p.72 ／本体素材：フェルト
その他：杉綾テープ／リボン／ゴムテープ

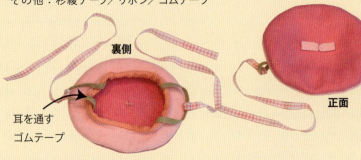

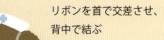

リボンを首で交差させ、背中で結ぶ

耳を通す
ゴムテープ

裏側　正面

メイドとナースのキャップ p.14・p.19
付録型紙 A 面／作り方 p.72 ／本体素材：フェルトとレース
その他：グログランリボン／ゴムテープ

リボンを首で交差させ、背中で結ぶ

正面に折り返す

後ろ

後ろ　正面　正面

耳を通す
ゴムテープ

2 コートと着物

コート
Aタイプの服のロングたけにフードやケープをつけて、
雨の日や冬の寒い日のお散歩コートに。
フェルトのコートは、かわいい王冠とセットです。

着物

着物も A タイプの服のロングたけから作ります。
えりの合わせが背中に？
ちょっと不思議ですが、着せると素敵なワンコの着物！
基本の服をベースに、えりや帯、被布を重ねていきます。

レインコート

雨の日でも楽しくお散歩。
濡れにくいように、
防寒コートより少し大きめにしてあります。
リードの穴は、出来上りの
コートを着せてハーネス位置を
確認してからあけましょう。

付録型紙B面／作り方 p.58
本体素材：ナイロンタフタ・チェック
　　　　　（裏布も）

ハーネス穴と
穴のカバー

オーバーコート 女の子

ケープがかわいいコートです。
お散歩中も肩まで暖かそう。
付録型紙 A 面／作り方 p.59
本体素材：ウール・無地とツイード

オーバーコート 男の子

ワンコのシャーロック！
お散歩しながら、鼻を利かせて、
今回の事件も解決かな？
付録型紙A面／作り方 p.59
本体素材：ウール・無地とチェック
その他：ボタンの芯用フェルト

ニットのコート

着古したセーターって
「ボクの大好きな匂いです」
付録型紙 B 面／作り方 p.57
本体素材：古着のセーター
その他：フェルト／
刺しゅう糸／
両面接着芯／
片面接着芯
キャップ詳細 p.21

サンタクロース

12月になると、いつも
この服を着ています。

付録型紙B面／作り方 p.60
本体素材：ウール・チェック
その他：ファー／厚手フェルト／
サテンリボン

ワンコのクイーン

「お誕生日おめでとう」の
服です。
数字は、「何歳になったね！」

付録型紙 B 面／作り方 p.60
本体素材：厚手フェルト
その他：装飾用コード

ティアラは、写真撮影用です。
p.20 の注意も読んでください。
付録型紙 B 面／作り方 p.73
素材：フェルト
その他：ブレード／
ポンポン／ゴムテープ／
キルトわた／
リボン

ゆかた

夏祭り、盆踊りのとき
ワンコと一緒に踊れたら、と空想。
作ってみました。

付録型紙B面／作り方 p.62
本体素材：綿・プリント

えりの合わせは、背中。
帯結びも背中。
なのに着てると
違和感がないって
不思議。

晴れ着

お宮参り、七五三。
ワンコに着せてみたい。
晴れ着と被布。
素敵でしょ！

付録型紙 B 面／作り方 p.63
本体素材：綿・プリント
その他：フェルト／別珍／
キルトわた片面接着芯

3 ワンピース

Bタイプのワンピースと
変形型紙のドレス。
パーツやフリルで遊びましょ。

ボディが
変形型紙

装飾コードや
刺しゅう

シャツ＋
短いスカート

フェルトの
アップリケ

かぼちゃ
スカート風

背中に
お人形

フリルが
いっぱい

民俗調の
ドレス

シンプルワンピース

清楚なデザインのワンピース。
お行儀がいいから、似合うでしょ。
付録型紙 A 面／作り方 p.66
本体素材：綿・レース地とプリント
その他：レース

ハロウィン・キャット

ハロウィンは、ワンコも黒猫コスプレ。
フェルトなので切りっぱなし。
だから、紙工作のようにカンタン。

付録型紙 A 面／作り方 p.69
飾り耳詳細 p.21
本体素材：厚手フェルト
その他：フェルト／山道テープ／
両面接着芯／刺しゅう糸

ハロウィン・スカル

背中にスカル。
お尻にゴースト。
すそも、フェルトの
フリルをつけてます。
付録型紙 A 面
作り方 p.69
本体素材：厚手フェルト
その他：フェルト／
両面接着芯／
刺しゅう糸

キツネ・ドレス

背中にキツネをおんぶ。
ワンコが走ると、
キツネの手足がブラブラ、
スカートがひらひら。
付録型紙 A 面／作り方 p.70
本体素材：綿・プリントと無地
その他：フェルト／両面接着芯／刺しゅう糸

お人形・ドレス

昭和レトロが愛おしくて…。
文化人形を背中に背負ったワンコ服。
「お願い、着てみて」。
付録型紙A面／作り方 p.70
本体素材：綿・プリントと無地
その他：フェルト／両面接着芯／わた／
刺しゅう糸／杉綾テープ

ミリタリードレス

赤いワンピース。
ゴールドのブレードを
つけて、
ステージ衣装。
付録型紙 A 面
作り方 p.68
本体素材：
綿・無地
その他：
ブレード

ニットドレス

古着のセーターからのリメイクです。
毛糸の刺しゅうは、やさしい野の花。
付録型紙A面／作り方 p.68
本体素材：古着のセーター
その他：片面接着芯／毛糸
キャップ詳細 p.21

ローウエストドレス

基本のシャツのすそに、
ギャザーを寄せた布を
つけたら、
かわいいローウエスト
のワンピースに。
付録型紙 A 面／作り方 p.61
本体素材：ウール／別珍
その他：グログランリボン／
刺しゅう糸

ハイウエストドレス

ハイウエストで切り替えた、
かぼちゃパンツ風ワンピース。
付録型紙A面／作り方p.61
本体素材：ウール／別珍
キャップ詳細 p.21

水玉のドレス

肩からすそに、斜めになった型紙を
2枚合わせにして縫っています。
付録型紙B面／作り方 p.71
本体素材：綿・プリント

チェックのドレス

フリルがたっぷりのワンピース。
そでに見えるところも、
ギャザーを寄せたフリルです。
付録型紙 B 面／作り方 p.64
本体素材：綿・チェック
その他：レース

村祭りのドレス

東欧風のスカーフを
柄を生かして切りぬいて
使っています。
付録型紙 A 面／作り方 p.71
本体素材：スカーフと綿の無地
その他：レース／リボン
ネッカチーフ詳細：p.21

4 作り方と型紙

50	型紙について	65	いろいろな縫い方
51	拡大のしかた	66	**B**タイプの作り方
52	付属やアップリケがある型紙は	67	えりをつけるときは
53	ポケットを作る	68	スカートをつける
	付属やアップリケをつける	72	帽子の大きさとひもの長さ
54	変形ネックの首回りの修正		
	出来上がった服の調節	78	ワンコに着せるときは
	バイアステープの作り方	79	獣医さんに聞きました
58	ハーネス穴をあける		
60	リボンを作る		

55〜64　それぞれの作り方
68〜74　それぞれの作り方
75〜77　型紙

★縫いしろは、1cmです。特別な場合は
　数字を入れています
★服は最後に必ず面ファスナーをつけます p.08
　全て共通なので、
　この章の作り方では省略しています

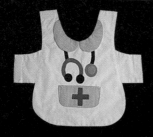

あると便利な用具

方眼定規

縫いしろをつけるのに便利です。

印つけペン
布に印や図案を写すための手芸用ペン。
いろいろなタイプがあるので、使いやすいものを
選んでください。

手芸用の仮どめのり
手縫いの場合、慣れていないとまち針がずれてしまう
ことがあります。布どうしをのりで仮どめしておくと
安心です。針どおりはそんなに悪くなりません。

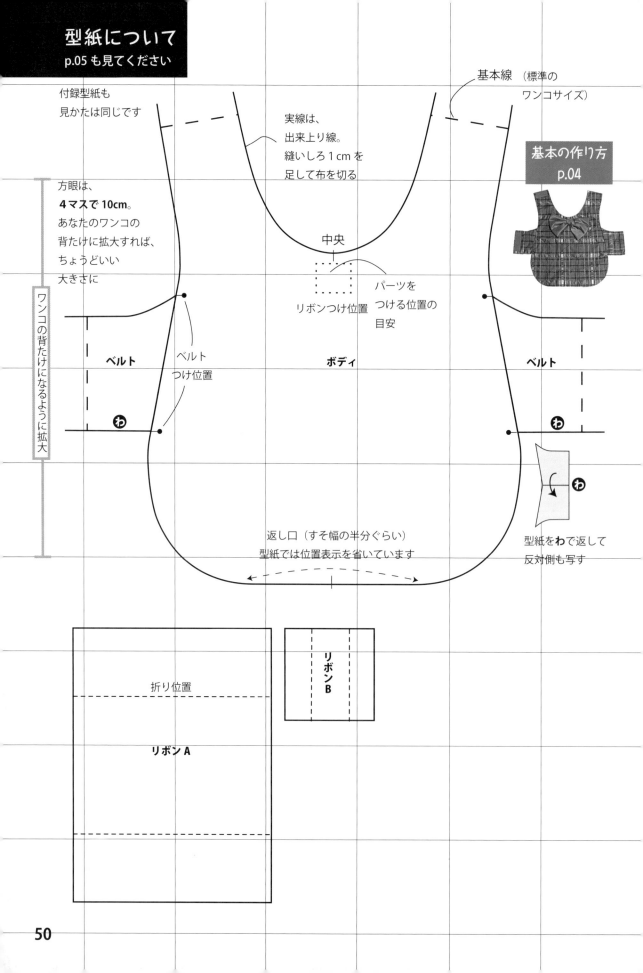

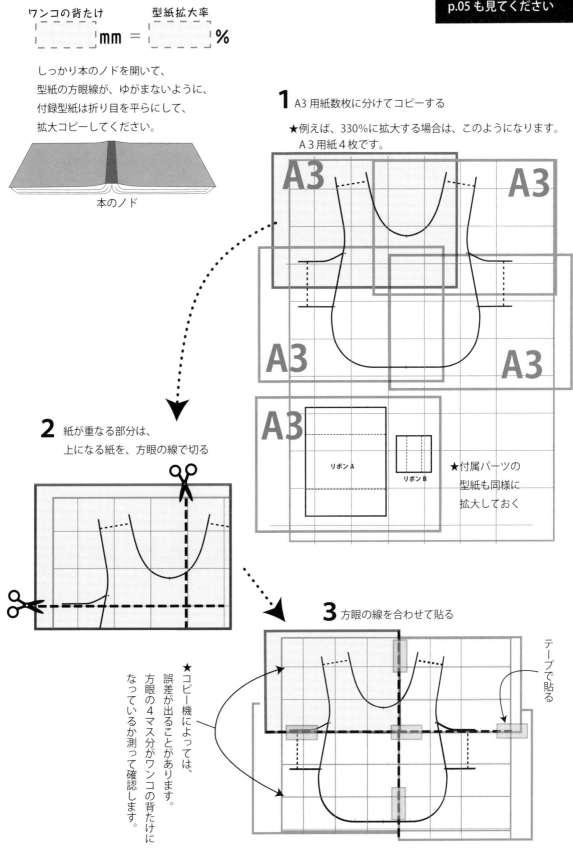

付属やアップリケがある型紙は

本体型紙の中に
えり、
ポケット、
アップリケ等が
記入してあります

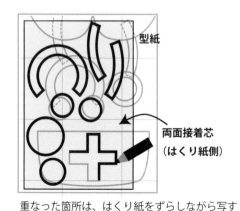
ナースウェア p.19

布が重なる箇所は、下の物を破線にしてあります

えりやポケットの型紙

拡大した型紙の中の、必要な部分を再度コピーする

切りぬく

表布（裏）

布に乗せ、なぞる

アップリケ（両面接着芯を使う）

図案に両面接着芯を乗せ、パーツごとに、はくり紙に鉛筆で写す

型紙

両面接着芯（はくり紙側）

重なった箇所は、はくり紙をずらしながら写す

★カンタンな図形のパーツやアップリケも、これと同様にコピーして切りぬき、布に形をなぞります。

★布の裏側に貼るので、逆転してしまうものは、反転図案も掲載しています。

ポケットを作る
えりの作り方は p.67

1 型紙を布に写す。縫いしろをつけて切る

アップリケのあるものは、表に返してつける

2 中表に裏布に乗せる。縫う

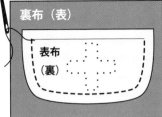

3 裏布を表布に合わせて切る

4 縫いしろを折る

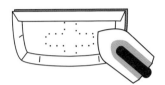

5 表に返す。口を縫う

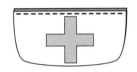

付属やアップリケをつける

1 接着芯を、素材や色ごとに切り分ける

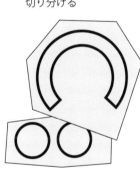

2 布やフェルトに乗せてはくり紙の上からアイロンをかける

接着芯のはくり紙側を表にする

アイロンで接着

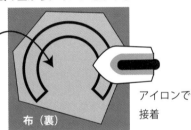

3 図案の線で切りぬき、はくり紙をはがす

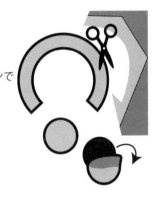

4 ボディの表布を、縫いしろをつけて切る p.06

型紙を折ってガイドにする

アップリケを、アイロンで接着し、縫いつける

ポケットを縫いつける

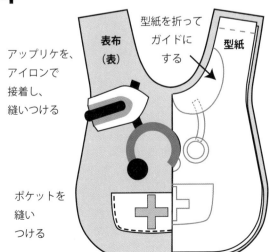

5 えりを挟んで、裏布と縫い合わせる p.67

ベルトを作る。ボディに差し込む p.06

返し口を縫う

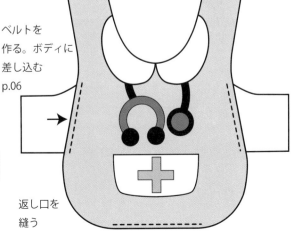

変形ネックの首回りの修正

首にギャザーを寄せる

エプロン

Vネックや着物

首回りの形が基本のものと違う場合はワンコサイズに拡大した型紙の、基本の首回りサイズを測ります。
修正寸法分、肩の基本線を移動させます。

基本の首回り（型紙では、グレーの線で表示）

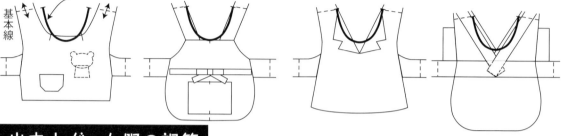

出来上がった服の調節

いろんな体型や性格のワンコがいます。初めての服が、ジャストフィットとはなかなかいきません。
出来上がって、着せてみてからの調整も大切です。トリミングや体型の変化にも対応できるといいですね。
1着作って着せてみて、調節。次はこれを型紙作りのときに生かしましょう。

小さくしたい
面ファスナーを
内側に移動

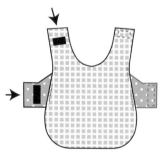

大きくしたい
片側の布を足してのばす。
余り布があるときれいに直せる。
かわいい布でアクセントにしても

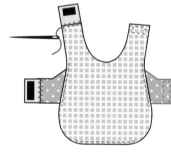

おしっこで、ぬれないように
スカートの両はしを
縫いちぢめて
かぼちゃスカート風に

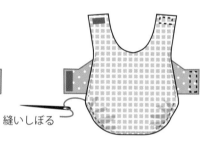
縫いしぼる

バイアステープの作り方

1 布端を合わせ、三角に折り、
すじをつけ、
すじに沿って線をひく

布目に対して45°

2 定規を当て、テープ幅に線をひく。
布を切る

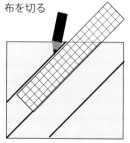

3 つなげるときは、
2本を直角に重ねて縫う

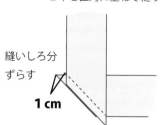
縫いしろ分
ずらす
1cm

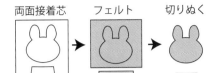
作り方

スモック p.10

★首回りのサイズ修正は p.54
❶ アップリケと名札を両面接着芯に写し、フェルトに貼って切る p.52
❷ ポケットを作る p.53
❸ ボディの表布を縫いしろをつけて切る p.06
　アップリケを貼り、ポケットを縫いつける
❹ 本体を作る p.06

印つけペンで名前を入れて刺しゅうする

❺ 首もとを粗く縫う　❻ ギャザーを寄せる　❼ セーラーテープを結んでつける

セーラーテープの寸法は、約 25cm

ハワイアンシャツ p.12

★首回りのサイズ修正は p.54
❶ えりを作る（作り方は、p.67 と同じです）

表布を縫いしろをつけて切る　裏布に仮どめ　縫う　表に返す

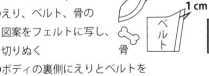

切込み

❷ えりをつける p.67

ボディの表布に仮どめ　縫いしろ分交差させる　裏布に仮どめして縫う

❸ ボディの裏布を表布に合わせて切る。首の中央に切込みを入れ、表に返す

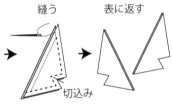

えりは切らない

❹ ベルトをボディに差し込んで縫う p.07

チャイナドレス p.15

❶ ボディを作る p.06
❷ えり、ベルト、骨の図案をフェルトに写し、切りぬく
❸ ボディの裏側にえりとベルトをのりで仮どめする
❹ ブレードと骨をのりで仮どめする
❺ えりとベルトをブレードと一緒に縫いとめる。骨を縫いつける

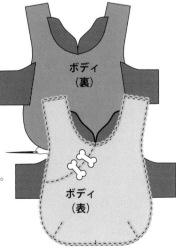

作り方

水兵さん p.16

❶ネッカチーフとイカリを両面接着芯に写す。
ネッカチーフは首回りに縫いしろをつけて布に、イカリは縫いしろをつけずにフェルトに貼って切る p.52
❷ボディの表布を縫いしろをつけて切る p.06
ネッカチーフとイカリをボディに貼り、縫いつける
❸えりを作る

縫いしろをつけて切る

 → セーラーテープを縫いつける → 裏布に仮どめし切る → 縫う → 表に返す

❹えりをつける p.67

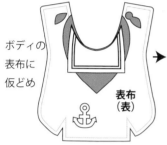
ボディの表布に仮どめ

→
裏布に仮どめして縫う
裏布を切る。切込みを入れる

❺表に返す。返し口を縫う
❻ベルトを挟んで縫う p.07
❼三角の補強布を縫いつける

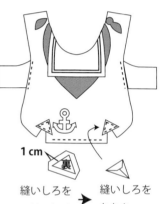

縫いしろをつけて切る 縫いしろをたたむ

カウボーイ p.17

❶星と飾りポケットの上部を両面接着芯に写す p.52
フェルトに貼る。
縫いしろをつけずに切りぬく。
飾りポケットの下部は、縫いしろをつけて切りぬき縫いしろを折る

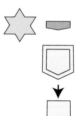

❷バンダナを図のようにたたんで両端を結ぶ

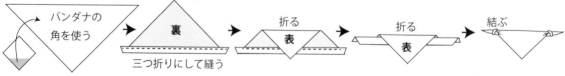
バンダナの角を使う　三つ折りにして縫う　折る　折る　結ぶ

❸ボディの表布を縫いしろをつけて切る p.06
星、ポケット、をボディに貼り、縫いつける

❹本体を作る p.06
かがる
水兵さんと同様に、切込みを入れて表に返す

❺バンダナをつける
結び目を縫いつける
❻三角の補強布を縫いつける（水兵さんと同じ）

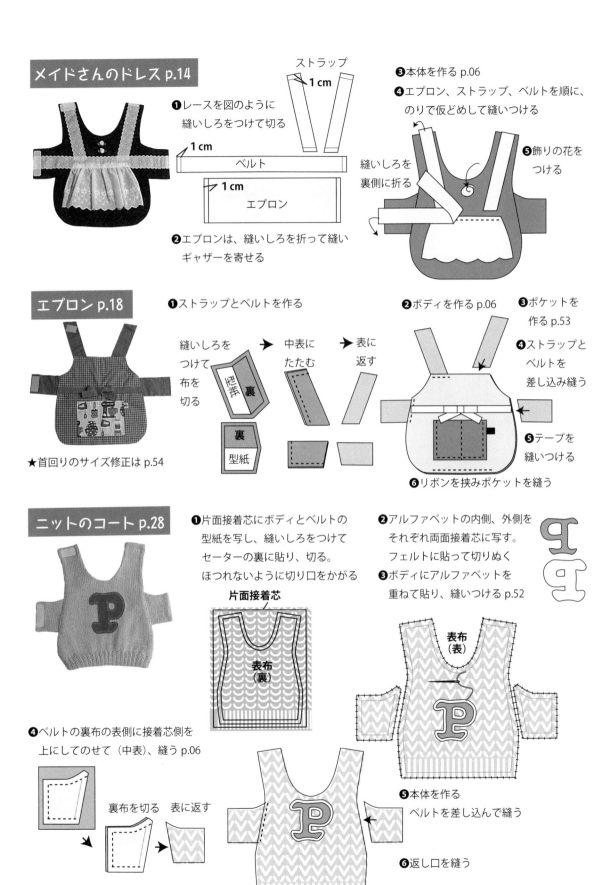

作り方

レインコート p.24

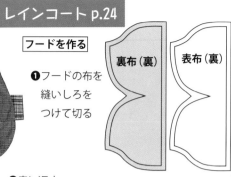

フードを作る

❶ フードの布を縫いしろをつけて切る

❷ 中表に半分にたたみ図の箇所を縫う

❸ 表布を表に返し、裏布に差し込む

❹ フードの前端を縫う

❺ 表に返す。表布と裏布がずれないように粗く縫う

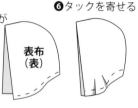

❻ タックを寄せる

ベルトを作る

縫いしろをつけて切り、中表に重ねて縫う → 表に返す → 縫いしろを折る

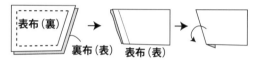

ボディを作る

❶ ボディの表布を、縫いしろをつけて切り、フードをつけて粗く縫う

❷ ボディの裏布を縫いしろをつけて切る。中表にかぶせ、縫う

布がずれないように注意して、返し口を残して縫う

❸ 表に返す。返し口を縫う。布が落ち着くように、ボディとベルトの周囲に縁縫いする

ベルトをボディにつける

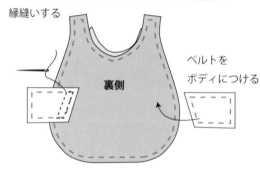

ハーネス穴のカバーを作る

縫いしろをつけて切り、中表に重ねて縫う

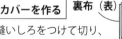

表に返し、周囲に縁縫いする

上部の縫いしろを折る

ハーネス穴をあけカバーをつける

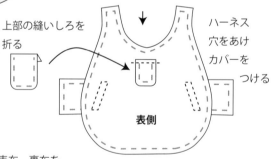

ハーネス穴をあける

❶ ハーネスをワンコにつけ、完成したコートを着せ、印をつける

❷ 表裏の布がずれないようにしつけ縫いし、穴をあける

❸ 表布、裏布をそれぞれ内側に折る

ずれないようにのりで仮どめ

❹ かがる

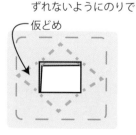

オーバーコート男の子 p.27 パーツを作る

❶ 飾りベルト布を2枚切る

重ねて縫い、片側の中央を切って表に返す

❷ 包みボタンを作る

型紙　型紙の3倍に布を切る　→　3枚　端を縫い、型紙サイズのフェルトを包んでしぼる

オーバーコート女の子 p.26

男の子のコートと基本は同じ。
ボディにケープとリボンをつける。
リボンの作り方 p.60

❸ えりとケープの表布に型紙を写し、縫いしろをつけて切る

えり 表布(裏)
ケープ 表布(裏)

❹ 縫いしろに仮どめのりをつけ、中表にして貼る

裏布(表)
表布(裏)

❺ 裏布を表布に合わせて切る。縫う

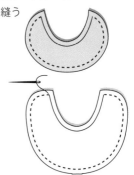

❻ 縫いしろを折る

❼ 表に返す

縫いしろをずれないようにのりで仮どめしておく

ボディを作る

❶ ボディの表布を縫いしろをつけて切る。飾りベルトを縫いつける。ケープ、えりの順に、縫いしろを仮どめする

表布(表)

❷ 裏返して、裏布に仮どめし、縫う。
えりのつけ方 p.67 参照

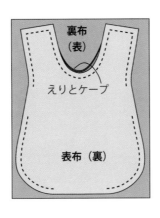
裏布(表)
えりとケープ
表布(裏)

❸ ボディの裏布を表布に合わせて切り、表に返す。

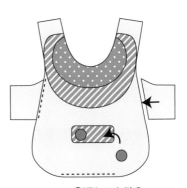

❹ 返し口を縫う。
ベルトを挟んで縫う p.07
包みボタンを縫いつける

作り方

サンタクロース p.29

❶リボンとえりを縫いしろをつけずに切る。
　前立ては、縫いしろをつけて切る

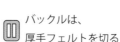

縫いしろを
内側に折る

バックルは、
厚手フェルトを切る

リボンとえりを図のようにたたみかがる。
えりは、両端を少し内側に入れ、かがっておく

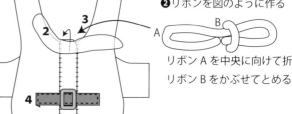

❷リボンを図のように作る

リボンAを中央に向けて折り、
リボンBをかぶせてとめる

❸本体を作る p.06
❹前立て、えり、リボンの順に本体にかがる
❺ベルト用のリボンにバックルを通し、両端をたたんで、本体につける

ワンコのキングとクイーン p.30・31

★キングとクイーンのコートは
　同じデザインです。

❶本体の材料は、厚手フェルトを使う。ボディとベルトの型紙を写し、切りぬく。縫いしろはつけない。ブレードをつける

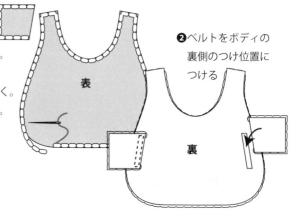

❷ベルトをボディの裏側のつけ位置につける

リボンを作る

❶リボン布を切る

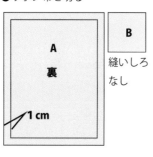

❷Aの上下の縫いしろを裏側に折る

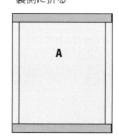

❸中央に向けて布を折る

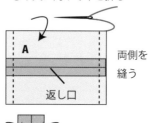

両側を縫う

外表に折る

❹Aを中央から表に返す

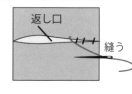

❺軽く絞って、Bを巻く

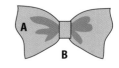

ハイウエストドレス p.45

❶必要な布を全て、縫いしろをつけて切る

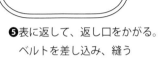

❷スカート表布の上下を粗く縫う。裏布の印に合わせギャザーを寄せる

❸ボディ表布とスカート表布を中表に合わせて縫う

❹裏布と中表に合わせて縫う。返し口とベルト位置は縫わない

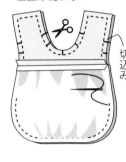

❺表に返して、返し口をかがる。ベルトを差し込み、縫う

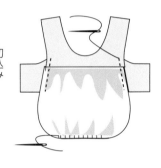

ローウエストドレス p.44

❶ボディの表布を縫いしろをつけて切る。刺しゅうする

❷ボディの裏布を中表に合わせ仮どめする。裏布を粗く切りぬき、縫う p.06

ベルト位置は縫わない

❸スカートの布に縫い代をつけて切る

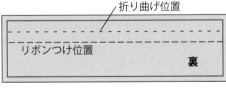

❹縫い代を図のように折る。縫う

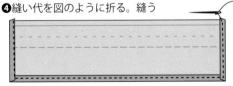

❺折り曲げ位置で折る。リボンつけ位置の上を粗く縫い、スカートつけ位置のサイズにギャザーを寄せる

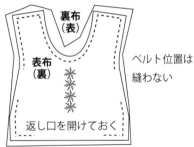

❻裏布を切って表に返す

ベルトを作り、つける

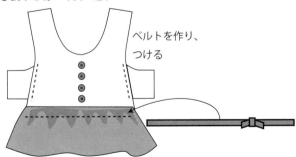

❼スカートつけ位置にスカートを合わせてのせ、リボンつけ位置で縫いとめる

❽リボンつけ位置にリボンをつける。端は裏側に回してとめる

作り方

ゆかた p.32

★首回りのサイズ修正は p.54

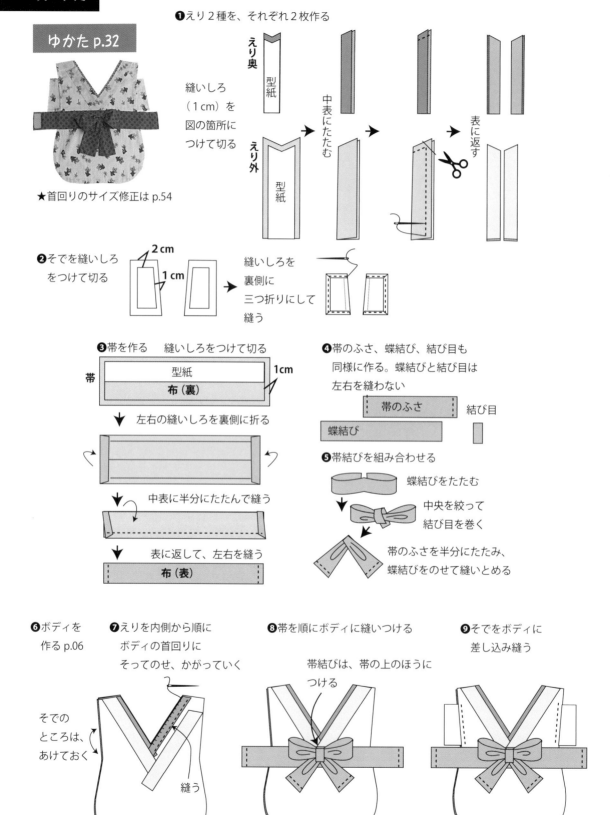

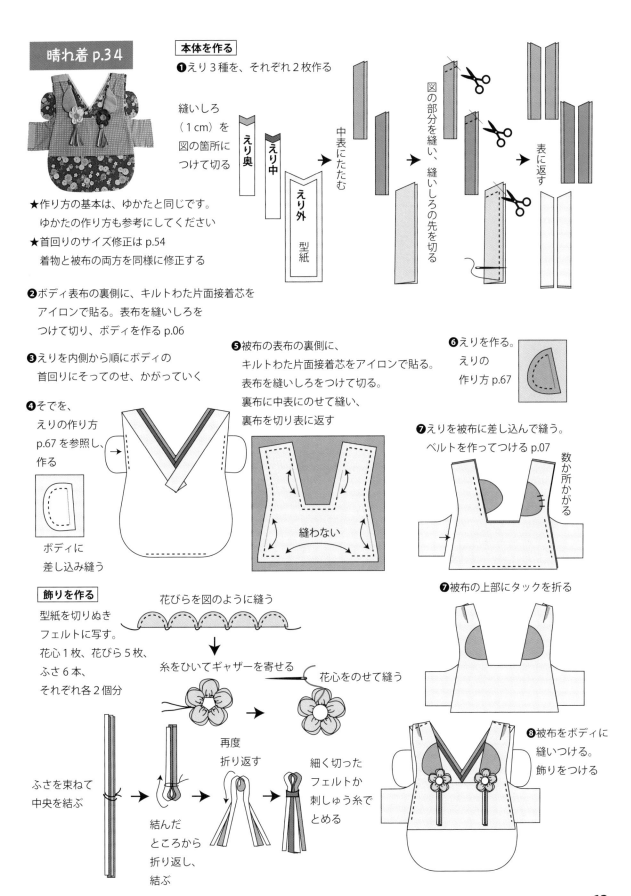

作り方

ムームー p.13

❶拡大型紙の幅に、フリル用のバイアステープを作る p.54
❷フリルサイズに切る。縫いしろはつけない

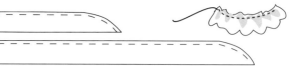

　首フリル
　すそフリル

❸粗く縫う

❹本体を作る p.06
　粗く縫い、矢印のサイズに、ギャザーを寄せる

❺フリル位置に合わせ、ギャザーを寄せて、フリルの左右と中央にまち針でとめ、ギャザーを整えながら、のりで仮どめし、縫う

裏側 → 表側

チェックのドレス p.47

❶フリルの型紙を、縫いしろをつけて切る

布（裏）　フリル

❷縫いしろを折る

直線側のみ
縫いしろを折る

そで → 布（裏）

❸レースをつける。曲線側を粗く縫いギャザーを寄せて、つけ位置のサイズにする

布（表）

❹本体を作る p.06
❺袖のフリルを裏返して
　フリル位置に合わせ、
　フリルの左右と中央に
　まち針でとめ、
　ギャザーを整えながら、
　のりで仮どめし、縫う。
　上のすそのフリルを縫いつける

そで
つけ
位置

フリル
裏側

❻そでのフリルを表に返す。
下のすそのフリルを縫いつける

数か所、本体に縫いつける

フリル
表側

いろいろな縫い方

バック・ステッチ

フレンチノット・ステッチ　玉の大きさに合わせて巻き数を調節

レゼーデージー・ステッチ

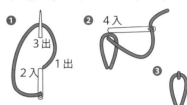

ストレート・ステッチ

サテン・ステッチ

ブランケット・ステッチ

刺し始め
玉結びし、重ねた布の内側から針を出す

隣に針を入れ、反対側へ出す。糸をかける。これを繰り返し刺し進める

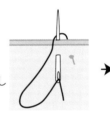 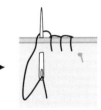

終わり
刺し始めの糸に針をかける

手前の布に針を刺し、布の間に出す

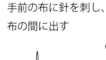
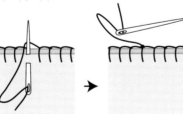

糸を結ぶ

布の間に針を刺し、少し離れたところで表に出す。表に出た糸を切る

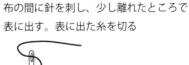
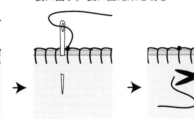

まつり縫い

布の切り口がほつれないように縫う。
2枚仕立てのものは、裏布のみをすくい表側に針を出さないようにするときれい

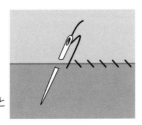

かがり縫い

2枚の布端を小さくすくって縫い合わせる

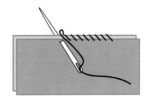

Bタイプの作り方

大きさのチェック

型紙を切りぬき、大きさを確認するときは p.05
Bタイプは、スカートがギャザー分、広くなっているのでこんなイメージで考えてください

出来上りの
スカート位置

1 表布に型紙を写し、縫いしろをつけて切る

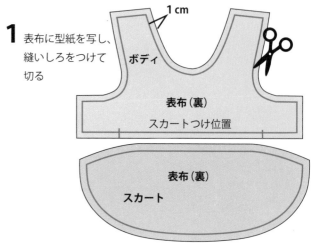

1cm
ボディ
表布（裏）
スカートつけ位置
表布（裏）
スカート

2 切りぬいた表布を裏布に、中表にまち針でとめる。
まち針を外しながら、縫いしろにのりを少量ずつ塗り、仮どめする。
スカートつけ位置にはのりを塗らない

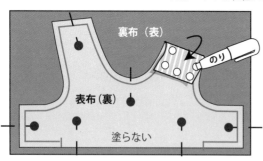
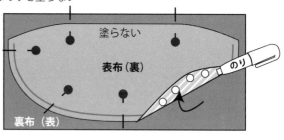

3 裏布の余分を粗く切り、出来上り線の上を縫う

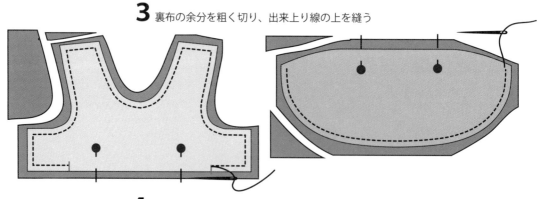

4 裏布を表布に合わせて切る。
型紙にそってアイロンをかけながら、縫いしろを折る

内側の曲線部分に切込みを入れる

裏表の布を一緒に折る

折らない

裏側と表側に、それぞれ折る

スカートのつけ方は p.68

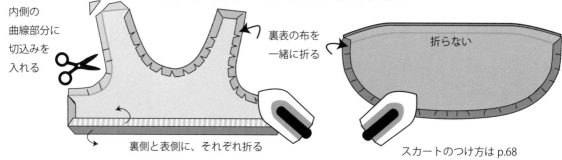

えりをつけるときは

1 表布に型紙を写し、縫いしろをつけて切る

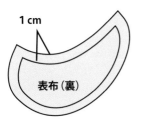

2 縫いしろに仮どめのりをつけ、中表にして貼る

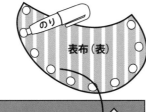

3 裏布を表布に合わせて切る。縫う

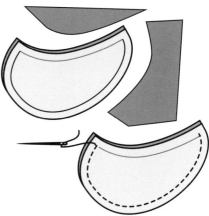

4 縫いしろを折り、表に返す

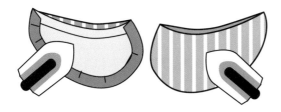

縫いしろを仮どめ

えりの縫いしろにのりをつける

5 ボディの表布にえりをのりで仮どめする

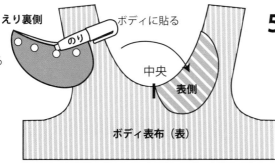

6 裏返して、えりがゆがまないように注意しながら、裏布にまち針でとめる

まち針を外しながら、縫いしろにのりを塗り、布を仮どめする

左ページの **3**・**4** と同様に縫い進める

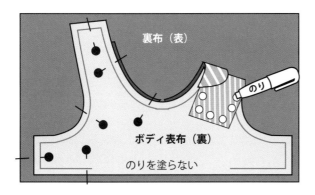

スカートをつける

1 縫いしろ線より少し内側を粗く縫う

2 スカートの縫いしろを、ボディに差し込む

3 中央、両端の順にまち針でとめる。ギャザーを整える。のりで仮どめする

4 ボディとスカートを縫いとめる

一度に縫いにくいときは、表裏片側ずつ布をすくいながら縫う

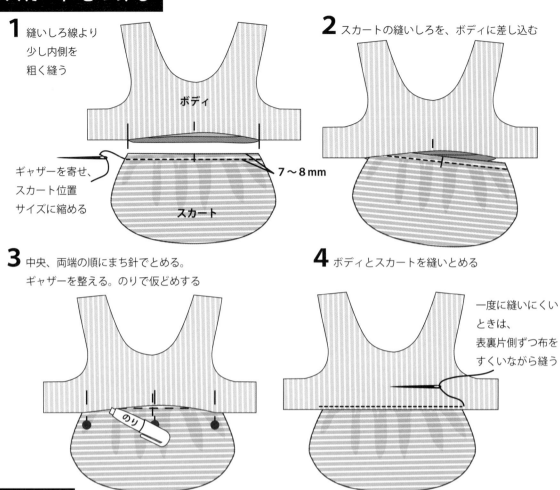

作り方

シンプルワンピース p.37

❶本体を作る p.66
えりをつける p.67
❷えりにレースをつける。
レースの端は、裏側に回してとめる

ミリタリードレス p.42

❶本体を作る p.66
えりをつける p.67
❷ブレードをつける。
ブレードの端は、裏側に回してとめる

ニットドレス p.43

❶ボディとスカート用のセーターに片面接着芯を貼って切る。
ほつれないようにかがる p.57
刺しゅうする
❷本体を作る p.66

ハロウィン・キャット p.38

ボディとスカートには厚手フェルト、
アップリケはフェルトを使う

❶ボディとスカートの型紙を写し、切りぬく。
　縫いしろは、つけない

❷スカートの裏側から
　山道テープをつける

❸スカートに
　ギャザーを寄せ、
　スカート位置
　サイズに縮める。
　ボディの裏側に縫う

❹アップリケ図案を両面接着芯に写し、
　フェルトに貼って切りぬく p.52
　拡大した型紙を見ながら、
　パーツを
　アイロンで貼り、
　かがる。
　口を刺しゅうする

❺拡大した型紙を
　見ながら、
　ボディに順に貼り、
　縫いつける

❻リボンの
　フェルトを
　縫いしろを
　つけずに切る。
　リボンを作り、
　本体に縫いつける

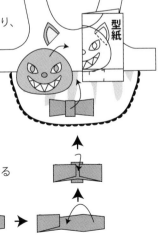

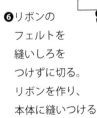

ハロウィン・スカル p.39

ボディとスカートには厚手フェルト、フリルとアップリケは
フェルトを使う

❶ボディとスカートの型紙を写し、切りぬく。
　縫いしろは、つけない

❷スカートのすそに、ギャザーを寄せたフェルトをつける

❸スカートにギャザーを寄せ、
　スカート位置サイズに
　縮める。
　ボディの裏側に縫う

❹アップリケ図案を両面接着芯に写し、
　フェルトに貼って切りぬく p.52
　拡大した型紙を見ながら、
　パーツを
　アイロンで貼り、
　かがる

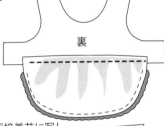

❺拡大した型紙を
　見ながら、
　ボディに順に貼り、
　縫いつける

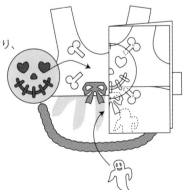

作り方

キツネ・ドレス p.40

❶ キツネのパーツ図案を両面接着芯に写す。
フェルトに貼って切りぬく p.52
パーツを組み合わせる

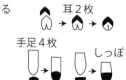

❷ ボディを作る p.66
ボディに
キツネの前足、
頭、耳を順に
縫いつける

❸ キツネのスカートは、1枚仕立て。
縫いしろをつけて布を切る

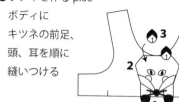

❹ 本体のスカートを作る。
キツネのスカートをのせ、
のりで仮どめする。粗く縫ってギャザーを寄せる p.68

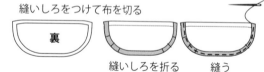

❺ ボディにスカートを差し込み縫う p.68
キツネのスカートをめくって足としっぽを縫いつける

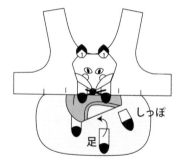

お人形・ドレス p.41

❶ 人形のパーツ図案を両面接着芯に写す。フェルトに
貼って切りぬく p.52
パーツを組み合わせる

❷ 人形の帽子布を縫いしろをつけずに切る。
二つ折りにし、粗く縫い、型紙に合わせてしぼる

❸ 帽子に顔をのせ縫いつける。
裏側から、わたを少し入れて
顔に膨らみを出す

❹ ボディを作る p.66
ボディに人形の手、
頭を順に
縫いつける

❺ 本体のスカートを作る。
人形のスカートはキツネと同様に作る。
本体のスカートに人形のスカートをのせ、
のりで仮どめする。粗く縫ってギャザーを寄せる p.68

❻ ボディにスカートを
差し込み縫う p.68
人形のスカートをめくって
足を縫いつける。
杉綾テープの
リボンをつける

水玉のドレス p.46

❶ 表布に型紙をそれぞれ写し、縫いしろをつけて切る
❷ 切りぬいた表布を裏布に、のりで仮どめする
❸ 裏布を粗く切りぬき縫う

ベルト位置をあけておく

❹ 裏布を切りぬき縫いしろを折り、表に返す
❺ フリルの幅に布をバイアスに切る。型紙のように角を曲線に切る。
❻ 布端を粗く縫い、ギャザーを寄せる

つけ位置のサイズにし、縫う

❼ ベルトを作り、つける p.07

❽ 左右のボディを型紙に合わせて確認しながら縫いとめる

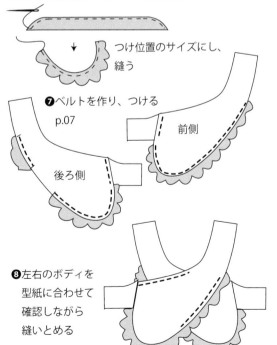

村祭りのドレス p.48

❶ 胸当てを縫いしろをつけて切り、縫いしろを図のように折る

❷ ボディを作る p.66
胸当てをボディに縫いつける

縫いしろ分重ねる

ここは縫わない

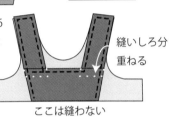

❸ スカート布とペチコート用のレースを、縫いしろをつけて切る。両脇とすその縫いしろを折り、縫う。
2枚を合わせて粗く縫い、ギャザーを寄せる

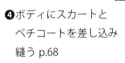

❹ ボディにスカートとペチコートを差し込み縫う p.68

❺ 首にギャザーを寄せたレースをつけ、両端を裏側に折りかがる

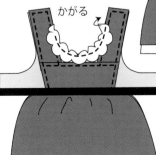

❻ ウエストにリボンをつける。リボンの端は、裏側に回してとめる

作り方

ベレー p.10・20

❶パーツを縫いしろをつけずに切る

❷上側と下側を重ね、縁を縫う

❸表に返して、下側の口に杉綾テープを縫いつける

❹内側にテープを回してかがる

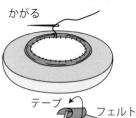

❺耳の大きさに合わせてゴムテープをつける。
ゴムテープにリボンをつける。
飾りを上部につける

帽子の大きさとひもの長さ

帽子の拡大率

❶服と同様にワンコの背たけサイズで、型紙を拡大

❷ワンコにかぶせてサイズ確認。
合わない場合は、拡大率を変更したり、ベルトの長さを調節

耳位置も確認

布に写すとかぶせやすい

ゴムテープとリボンのサイズ

ゴムテープ：幅6mm　長さ約15cm前後
　　　　　（ワンコに合わせて調節）
リボン：幅8〜12mm
　　　　長めに切ってワンコに合わせる

ゴムテープのつけ位置

ゴムテープを円にして縫う

ゴムテープ位置の指定のない場合

前

ゴムテープは、前側に少し寄せてつけると頭にのせたときにずれにくい

メイドさんのキャップ p.14・20
ナースキャップ p.19・20

★型紙サイズは同じです

❶本体を縫いしろをつけずに切る。
アップリケやレースをつける。
ゴムテープをつける

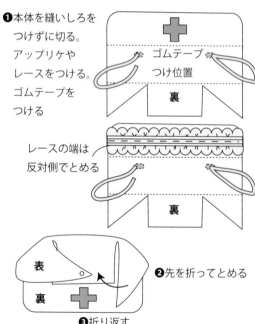

ゴムテープつけ位置

裏

レースの端は反対側でとめる

裏

❷先を折ってとめる

❸折り返す

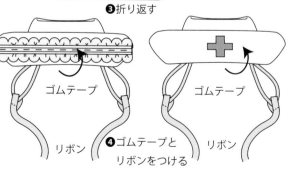

ゴムテープ

リボン

❹ゴムテープとリボンをつける

ゴムテープ

リボン

クイーンのティアラ p.30

❶パーツを縫いしろをつけずに切る

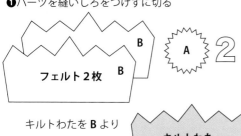

キルトわたをBより一回り小さく切る

❷本体の片方に、パーツとブレードを縫いつける

❸キルトわたを挟み、縫い合わせる

❹ポンポンテープからポンポンを切り縫いつける

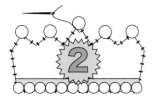

❺裏側に後ろリボンとゴムテープをつける

後ろリボンつけ位置

ゴムテープつけ位置

❻ゴムテープにブレードをつける

❼後ろリボンを結ぶ

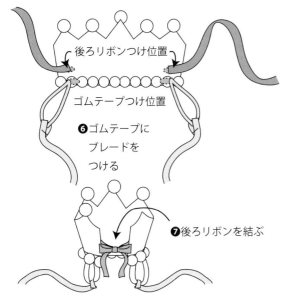

キングの王冠 p.31

❶パーツを縫いしろをつけずに切る

❷土台の端を縫い、わたを入れてしぼる

❸土台にAを図のようにつける

上側
底側

土台の底側に針を出す。糸を引いて形を少し平らにする

❹Bを厚紙を挟んでたたむ

❺図のように組み合わせて縫いつける

❻パーツCに数字を縫いつけ、2枚を合わせて間にわたを入れ縫う。本体に縫いつける

毛糸で、フレンチノット・ステッチ
ポンポンをつける

❼王冠の下部にゴムテープを縫いつける。リボンをつける

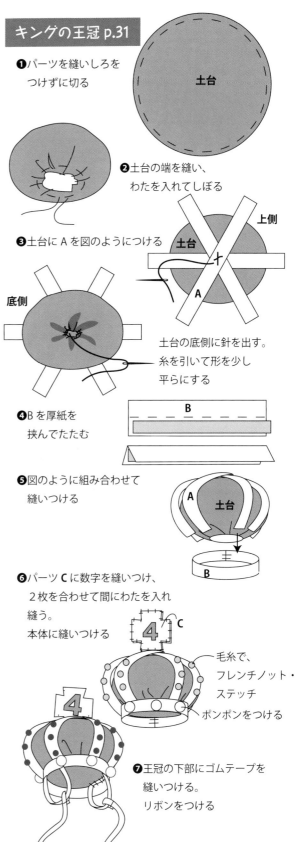

作り方

ハロウィン・キャットの飾り耳 p.21・38

❶耳を縫いしろをつけずに2枚切る。
　穴を縫い合わせる

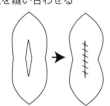

❷2.5cm幅の杉綾テープを半分に折り縫う。
　耳を同じ向きに反らせて折る

テープを挟むように、縫い合わせる。
★テープの長さはワンコに合わせて調節

耳が立つように
縫いとめて調節

ニットキャップ p.21・28・43

❶セーターを型紙より大きめに切り、
　型紙を、縫いしろをつけて写した片面接着芯を貼る

❷セーターを切る。
　ほつれないように
　切り口をかがる

❸裏布を中表に
　合わせ、縫う

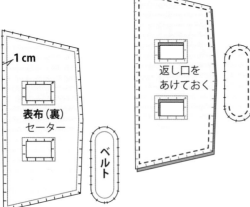

★ニットドレスは、
　刺しゅうをする

❹表に返し、ベルトと面ファスナーをつける

耳穴の表裏の
布をそろえて
かがる

★ニットドレスは
　グログランリボンを
　折ってつける

❺二つ折りにしてかがる
★ニットのコートは、ポンポンを
　つける

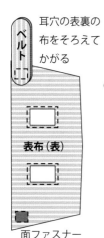

少し手前までに
しておくと
かぶせやすい

ハイウエストドレスの帽子 p.21・45

❶フェルトを2枚
　縫いしろを
　つけずに切る。
　1枚に山道
　テープをつける

❷重ねてかがる

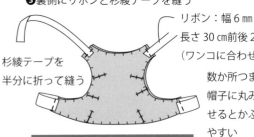

❸裏側にリボンと杉綾テープを縫う

リボン：幅6mm
長さ30cm前後2本
（ワンコに合わせて調節）

数か所つまんで縫い、
帽子に丸みを持た
せるとかぶせ
やすい

杉綾テープを
半分に折って縫う

ネッカチーフ p.21・48

❶スカーフの角に型紙を当て
　縫いしろをつけずに切る

❷切込みを入れてたたむ。縫う

❸ベルトを縫いしろを
　つけて切る

❹縫いしろをたたみ、
　半分にたたむ

❺ネッカチーフを挟み、
　縫う。ベルトの両端に、
　面ファスナーをつける

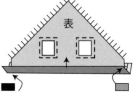

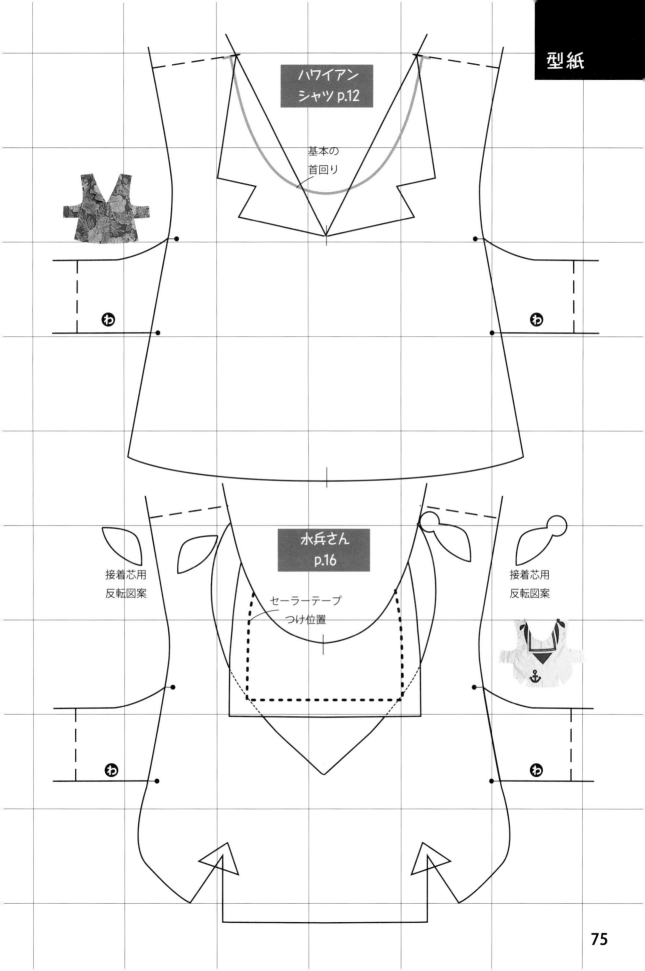

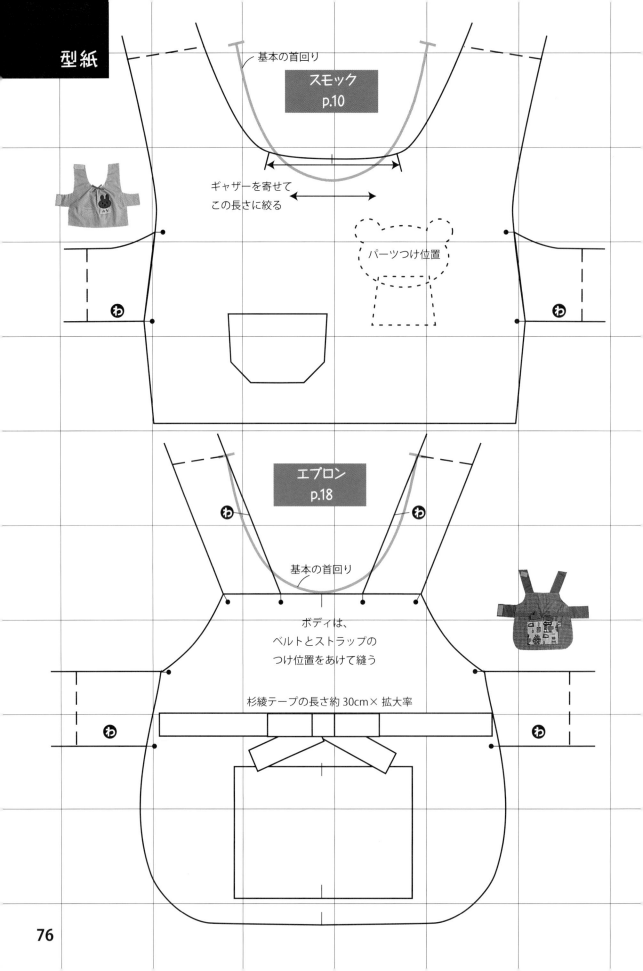

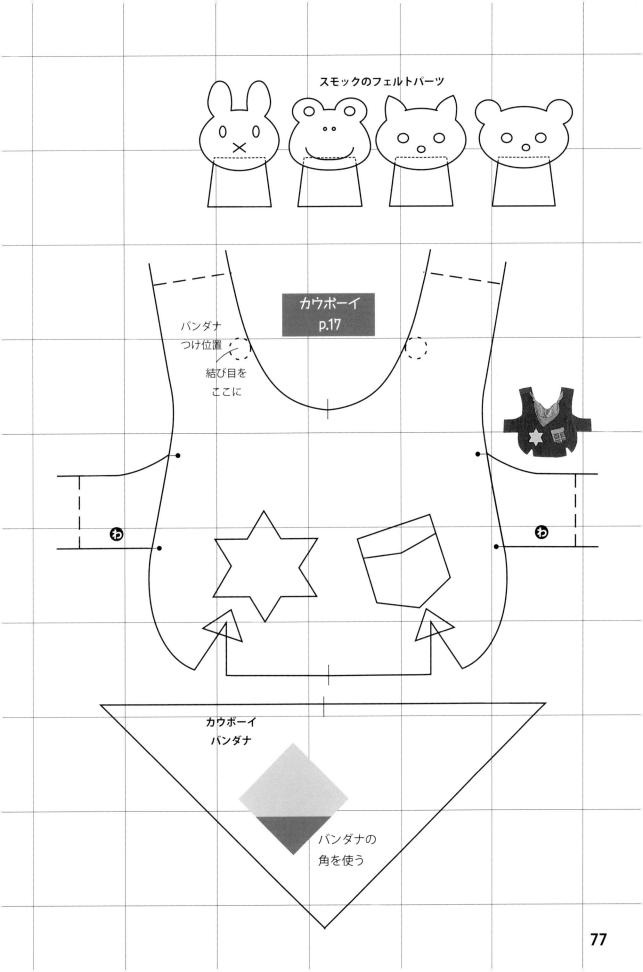

ワンコに着せるときは

ワンコに服を着せることは、飼い主さんの楽しみ。
ワンコはそれにつき合ってくれています。

服が嫌いなワンコには、無理をさせないで。ゆらゆらする飾りが気になると、嫌がるワンコが多いです。服の材質を変えると、素直に着てくれる場合も。あなたのワンコに合わせていろいろ工夫してみてください。

ワンコのリラックスを優先に、着せっぱなしはやめましょう。飼い主が留守にするときや睡眠時も、服は脱がせてあげましょう。ワンコも人間の子どもと同じように、季節や気候に合わせた服を選びましょう。

「平らなワンコ服」は面ファスナーを使用し、首と胴の二か所でとめる服ですから、ワンコにフィットしていることがとても大切です。ゆるくなったり、窮屈な服を着せるのは避けましょう。面ファスナーはしっかりとめましょう。面ファスナーは、糸や毛がからむと接着力が弱くなるので気をつけてください。

ワンコは活発に動きます。手縫いの場合、縫い始めや縫い終わりなどは、糸がほつれないように返し縫いをしておきましょう。パーツもしっかりとめましょう。丈夫な服を作ってあげてくださいね。

お洗濯

面ファスナーが他の洗濯物にからまないように、単独での手洗いをおすすめします。十分にすすぎをした後、形を整えてから干しましょう。

洗濯後でも、ワンコは自分の匂いがわかります。自分の匂いのするものは、おもちゃにしたがるので、ボロボロにしちゃうことも。ワンコのそばには置かないで。

フェルトやウールのドレスの場合
30℃以下のぬるま湯で、ウール用おしゃれ着洗剤でやさしく洗い、十分にすすぎをした後、軽く絞り、手でパンパンと軽くたたき、形をととのえて風通しのよいところに干します。表面の毛羽立ちは、中温度でアイロンをかけるときれいに仕上がります。※色落ちすることがあるので、他繊維と一緒に洗わないこと。多少縮むことがあります。

獣医さんに聞きました

「犬に服を着せること」について、僕は、犬がうれしいと感じることが一番大切だと思います。飼い主さんが、うれしいことが犬もうれしいし、構ってもらえるのもうれしい。服を着せて、飼い主さんがその子をよりかわいいと思えるのであれば……犬はそれがうれしいんですよね。

「犬は、寒さを感じない。なぜ服を着せるの？」という人もいますが、トイプードルやチワワのように寒がりの犬もたくさんいます。痩せていたり毛の薄い犬の場合は特に、寒いと筋肉を震わせてブルブルしています。寒そうにしていたら寒さを防ぐのに、例えば何か着せてあげる……、これは人も犬も同じです。暑い時には暑さを避ける服や工夫を、雨の日にはレインコートを着せて雨をしのぐのもいいと思っています。アレルギーや化学繊維が合わない犬の場合は、乾燥している時期には特に皮膚にストレスがないよう注意が必要ですね。他にも、新しいご飯、新しい首輪、そして新しい服。何ごとも始めは慣らしながら様子を見てください。

僕は、服を着せている子を見るのは好きなんです。愛されているんだなあと思うからです。「飼い主さんからいじられて、迷惑するくらい愛されているってすごく幸せだよ。よかったね」って。そんな関係を見ていてとても幸せな気持ちになるんです。いくらでも愛してください。うちの子はとても幸せなんだと思って。

そうではない子をたくさん見てきました。最低限の愛情や、生きる場所を得られていない子が、また飼い主がいないということだけで生きていけなかった子が決して少なくない数います。こういうことをゼロにしなくてはいけない、なくて当たり前なんだということを、知っていて欲しいと思っています。

花子さんは先生と毎日出勤しています。先生が獣医大学の学生の時、保健所で初めて会いました。先生を中心とした、行き場を失った犬や猫を救うためのサークル「犬部」の部員になりました。出会って18年、もう18歳です。長生きしてくれて親孝行な子だとおっしゃっています。受付には「花子、出勤中！」の札が出ています。

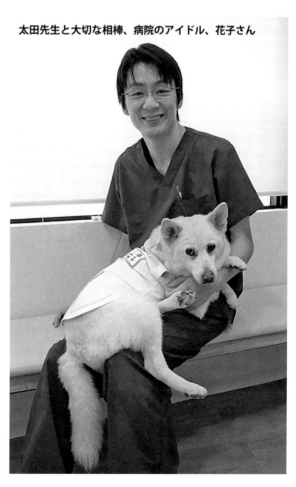

太田先生と大切な相棒、病院のアイドル、花子さん

ハナ動物病院
院長 太田快作 先生
http://www.hana-ah.com
〒166-0011
東京都杉並区梅里2-28-4
梅里MSビル1階
TEL：03-5913-8241

先生の登場する書籍
『北里大学獣医学部 犬部！』
片野ゆか著　ポプラ社
『世界にたったひとつの犬と私の物語』
渡辺眞子著　河出書房新社
『野宿に生きる、人と動物』
中野真樹子著　駒草出版

あとがき

1冊目の本、「平らなワンコ服」を大勢のかたに喜んでいただいてとても幸せです。本を出した後も、我が家のワンコの服をたくさん作りました。もっとかわいく、もっと着せたくなるような服をと試行錯誤をするうちに、とうとう帽子まで…。洋服の雰囲気に合わせて帽子もかぶせると、ワンコながらも、びっくりするほどかわいいんですよ！
そんな、たくさんの服や帽子・小物をまとめたのがこの本です。2冊目も気に入っていただけたらうれしいです。いろんなワンコ友達に参加していただいたので、かわいい写真がいっぱいです。ありがとうございました。

ご注意

いろいろなワンコがいます。アクティブ、おとなしい、なんでもおもちゃにしてしまうワンコ。服を着ているときや、小物をつけているときには、飼い主さんが見守っていてあげてください。パーツが取れそうになっていないか、ほつれそうなところはないか、気をつけてください。服や小物の材料＝布地、パーツ、手芸用品や接着剤等は、口に入れることを想定して作られてはいません。ワンコが、服を噛んだり、飲み込んだりしないように気をつけてください

この本に掲載のパターンや作り方の著作権はピポン有限会社が所有しています。読者の皆様が私的にお楽しみいただくためのもので、いかなる理由があっても、無断転写・複写・流用及び、転売はご遠慮ください。パターンを使用して製作されたワンコ服や帽子等の小物の商業利用を目的とした販売はお断りしております。

辻岡ピギー・小林光枝：ピポン
http://www.sigma-pig.com/

ピポン
がなはようこ・辻岡ピギーのアート、クラフト作品製作のユニット。オリジナリティあふれる、ユニークな活動を展開している。
ワンコ好きの小林光枝も参加。

【ピポンの本】
『フェルトのお守り、ラッキーチャーム』文化出版局、
『ボールペンでイラスト』『和の切り紙』飛鳥新社、
『ヌメ革クラフト ハンドブック』
『藍染ガイドブック』グラフィック社、ほか多数。

専属モデル　はなちゃん
http://instagram.com/hana_chan_box

ご協力くださった、写真のワンコたち
トイプードル　　マサルくん
マルチーズ　　　白玉ちゃん
チワワ　　　　　ラッキーちゃん
ダックスフント　カノンくん

Staff
ブックデザイン・イラスト　がなはようこ
撮影　池田ただし（ズーム・ヴューズ）
協力　酒井惠美（エムズ・プランニング）
　　　六角久子・原のりこ
校閲　向井雅子
編集　大沢洋子（文化出版局）

提供
カントリーキルトマーケット：生地とレースやテープ
　　　http://www.cqmjp.com
清原：手芸材料
　　　http://www.kiyohara.co.jp/hobby/craft.html
サンフェルト：フェルト
　　　http://www.sunfelt.co.jp

着せるとカワイイ 平らなワンコ服 30着

2019年3月24日　第1刷発行
2022年4月27日　第2刷発行

著　者　辻岡ピギー・小林光枝：ピポン
発行者　濱田勝宏
発行所　学校法人文化学園　文化出版局
　　　　〒151-8524　東京都渋谷区代々木3-22-1
　　　　tel.03-3299-2489（編集）
　　　　tel.03-3299-2540（営業）
印刷・製本所　株式会社文化カラー印刷
© ピポン有限会社 2019　Printed in Japan
本書の写真、カット及び内容の無断転載を禁じます。

・本書のコピー、スキャン、デジタル化等の無断複製は著作権法上での例外を除き、禁じられています。本書を代行業者等の第三者に依頼してスキャンやデジタル化することは、たとえ個人や家庭内でも著作権法違反になります。
・本書で紹介した作品の全部または一部を商品化、複製頒布、及びコンクールなどの応募作品として出品することは禁じられています。
・撮影状況や印刷により、作品の色は実物と多少異なる場合があります。ご了承ください。

文化出版局のホームページ　http://books.bunka.ac.jp/